LE GUIDE DES ENFANTS, OU ENTRETIENS D'UN ENFANT AVEC SA MÈRE,

Sur les moyens de vivre heureux et content.

Par HUBERT WANDELAINCOURT.

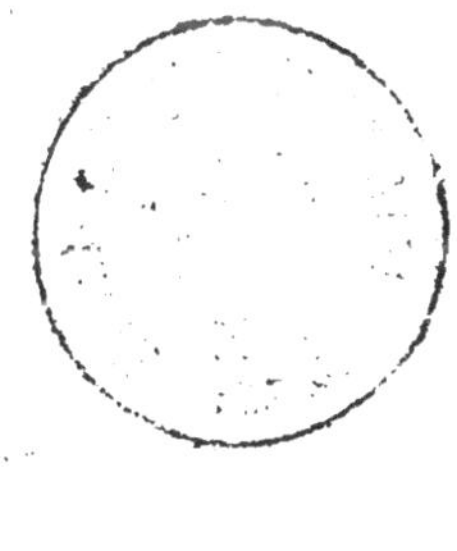

A PARIS,

Chez ANCELLE, Libraire, rue du Foin-Saint-Jacques, collège de Me. Gervais, No. 265.

AN IX.-1801.

LE GUIDE DES ENFANTS;

Ou entretiens d'un enfant avec sa mère, sur les moyens de vivre heureux et content.

La mère. IL est tems de vous lever, mon cher enfant ; voyez comme le soleil brille. La belle journée qui se prépare !

L'enfant. Je trouve bien surprenant que tout-à-coup on ne voye rien, et que tout-à-coup on voye quelque chose. La nuit, j'ouvrais les yeux le plus que je pouvais, et je ne voyais rien ; maintenant je les ouvre, et je vois tout ce qui est autour de moi. Je vous avoue, maman, que je ne comprends rien à cela ; cependant je voudrais bien y comprendre quelque chose.

La mère. Pour que nous voyions, ce n'est pas assez, mon enfant, d'avoir des yeux ; il faut encore que le soleil ou qu'un corps allumé chasse les ténèbres qui couvrent la terre ; qu'il éclaire les objets et nous les montre. Nous ne sommes pas les seuls au monde. La terre est une grosse boule, dont toute la surface est habitée. Il n'y a qu'un soleil pour en vivifier et en éclairer toutes les parties. Quand vous dormiez, il éclairait les habitans des contrées opposées aux nôtres ; et le voilà qui vient faire la même chose pour nous, et donner le tems aux autres de se reposer, et de réparer leurs forces épuisées par le travail et les exercices de la journée. Il y a des milliers d'années, qu'il rend le même service aux hommes ; et il continuera toujours à le faire jusqu'à la fin du monde.

L'enfant. Jusqu'à la fin du monde ! est-ce que le monde finira un jour ? où ira-t-il donc, maman ? que deviendra-t-il ?

La mère. Sans doute, mon cher ami, le monde finira ; et rien de tout ce que vous voyez ne doit subsister long-tems. Celui qui a tiré le monde du néant, l'y fera rentrer un jour.

L'enfant. Tiré le monde du néant! Quoi! tout ce que nous voyons, les maisons que nous habitons, la mer, la terre, le ciel, le soleil, la lune, tous les hommes, tous les animaux ont été tirés du néant? Et par qui? je vous prie; l'homme le plus fort, le plus énorme géant ne pourrait faire tout cela. Quels bras il aurait dû avoir pour aller placer si haut le ciel, le soleil et les étoiles! Et, quand le soleil a été placé, comment le faire aller, le conduire perpétuellement dans le même chemin, et le remonter quand il est en bas? D'ailleurs, maman, vous dites qu'il y a des milliers d'années que ce feu tourne autour de la terre. Celui qui l'a fait est bien mort. Qui est-ce donc qui l'entretient maintenant? Quel est celui qui le conduit, et l'empêche de s'éteindre? Que de choses je voudrais savoir!

La mère. Je satisferai, mon fils, à

toutes vos questions, l'une après l'autre. Elles sont raisonnables, et font voir que vous réfléchissez sur tout ce qui vous environne. Quelle fatisfaction pour moi de vous entretenir dans une pratique, qui vous sera un jour très-utile, et qui est si propre à faire votre bonheur !

Parce que vous n'avez pas encore appris à connaître celui qui a créé le monde, vous jugez de ce maître de la nature, comme vous jugeriez d'un homme; et parce qu'un homme, quelque fort, quelque puissant qu'il soit, ne saurait produire tout ce que vous voyez, vous concluez que la création est impossible; et vous avez raison : car tout ce qui existe dans l'univers, l'univers lui-même, ne peuvent être l'ouvrage d'un homme. Cela est au-dessus des forces humaines. Cependant tout cela subsiste. Il faut donc que celui qui l'a créé soit quelque chose de plus que l'homme. Or, ce quelque chose est ce que nous nommons *Dieu ;* être souverainement puissant, puisqu'il a donné l'existence à

tout

tout ce qui subsiste dans le monde; et souverainement sage, puisqu'il a tant mis d'ordre, d'harmonie et de sagesse entre toutes les créatures, pour n'en faire qu'un beau tout, supérieur aux talents et à la sagesse de tous les hommes. Il a dit : *Que le monde soit fait ;* et, au même instant, le ciel, la terre, la mer, l'homme, les animaux, tout ce qui respire, comme tout ce qui est inanimé, sortirent de la poussière du néant.

Quelle sagesse, pour avoir conçu tant de différentes choses; pour les avoir placées dans le lieu propre à leur conservation, et nécessaire pour concourir à la beauté du tout? Les oiseaux dans l'air, les poissons dans l'eau, les hommes sur la terre, et des milliers de petites républiques, qui marchent sous nos pieds, se perpétuent, et se conservent par des moyens et des loix bien supérieurs au pouvoir et à l'intelligence des hommes. Vous-même, mon cher enfant, examinez-vous avec quelque attention. Que la structure de l'homme est admirable ! Vous marchez, quand vous le desirez. Vous n'avez qu'à vouloir ; à l'instant vos membres répondent à vos desirs. Mais savez-vous quels muscles, quels nerfs il faut mouvoir, élever ou baisser, pour mettre en jeu les différentes parties de votre corps destinées à exécuter ce que vous souhaitez ? Concevez-vous comment votre volonté fait aller la machine de votre corps, qu'elle ne voit ni ne sent pas elle-même ; par quel artifice elle remue des fils qu'elle ne tient pas ; soulève une grosse masse comme vous, et la dirige selon qu'il lui plaît ? Etendez-vous vos muscles ? vous voilà en équilibre sur la plante de vos pieds. A l'instant ces pieds se mettent en mouvement, portent ce poids énorme par-tout où vous voulez. Avez-vous faim ? votre main s'étend, prend un morceau de pain et le porte à la bouche. Cette bouche s'ouvre, comme d'elle-même ; vos dents se lèvent, s'abaissent, broyent cette nourriture ; la salive vient la détremper ; la langue la tourne et la retourne ; le manger, à mesure qu'il se réduit en bouillie, vous cause des sensations agréables, passe par votre gosier, se rend dans votre estomac, où il reçoit une nouvelle préparation, et devient un chile, qui ne ressemble en rien ni au pain ni à la bouillie qu'il remplace. Ce chile, après d'autres opérations plus délicates, se change en sang ; et vos forces sont réparées. Avez-vous sommeil ? vous dormez ; vous voilà mort ; vous ne voyez rien, vous n'entendez plus rien, vous êtes comme insensible à tout ce qui vous environne. Dans ce tems d'inaction apparente, tout est arrêté pour vous au-dehors, parce que ce précieux moment de calme est destiné à la réparation de vos forces. C'est alors que vous travaillez plus utilement pour vous ; que la machine de votre corps dirige tous ses mouvements vers son utilité particulière, qu'elle se rétablit, qu'elle se renouvelle ; et vous vous réveillez avec votre première vigueur, pour être en état de reprendre vos occupations.

Si un homme bâtit une maison, il ne crée rien ; il trouve dans les carrières les pierres toutes formées, et va chercher dans les forêts les bois dont il a besoin ; mais Dieu n'a rien trouvé de fait ; il a tout créé, tout disposé avec sagesse ; il a fait une grosse masse composée de terre, d'eau, d'air et de feu ; et tout a été formé de ces quatre éléments, diversement arrangés, et mêlés ensemble en plus ou moins grande quantité.

Si le feu qui entre dans la composition de l'air, de l'eau et de la terre, n'était retenu par une main invisible, où il est comme enchaîné ; et si ses petites parties, disséminées avec mesure, pouvaient se réunir, il se développerait avec impétuosité ; à l'instant l'incendie deviendrait général, et tout serait consommé.

Si la mer sortait des bornes, où le tout-puissant l'a renfermée, ou si l'eau se séparait de l'air, dont elle modère l'âpreté et éteint les feux, ce serait un déluge, qui inonderait tout.

Si la terre n'était délayée par l'eau, échauffée par le feu, animée par l'air, et son action dirigée par la juste température de ces éléments, elle serait stérile, inhabitable; et nous mourrions de maladie et de faim.

Mais quelles mains, autres que celles d'un être souverainement puissant et sage, ont pu faire cet heureux mélange, et y mettre la température propre à produire des effets si admirables? Vous-même, mon cher enfant, seriez surpris, si vous connaissiez de combien de pièces et de ressorts vous êtes composé. Vous n'êtes qu'un frêle tissu de terre, d'eau, de feu et d'air, continuellement agités, et cherchant perpétuellement à s'entre-détruire. Votre corps ne se nourrit que par une suite immense de petits canaux qui serpentent dans votre intérieur, et mille petites fibres qui tapissent partout cette merveilleuse machine, où circule le sang qui l'alimente, et qui ne sont mises en jeu que par le moyen de l'air, que le mouvement des poumons y fait entrer, et en rejette, quand il est mort ou trop échauffé ; de sorte que, si nos poumons cessaient d'agir seulement pendant un battement de pouls, tous ces canaux se fermeraient ; le sang se glacerait faute de mouvement, et nous serions morts à jamais. Mais que vois-je, mon enfant? Que tenez-vous là, mon ami? Je crois que c'est un nid.

L'enfant. Oui, maman, c'est un nid, que je pris hier au soir. De plus, j'en ai la mère et les petits. Ils ont passé la nuit auprès de moi. Voyez que ce nid est bien fait, et comment ces petits y sont arrangés. La mère qui les couvrait de ses aîles, s'est laissée prendre. Que cela est beau !

La mère. Très-beau, mon enfant. Et je m'imagine que c'est l'admirable sructure de ce nid qui vous a porté à le prendre, afin de le mieux examiner à loisir ; et que vous avez eu de la répugnance à troubler le repos de cette petite famille, que vous tenez en captivité, et qui attend la mort entre vos mains.

L'enfant. Il me prend envie de l'aller

remettre à sa place, et de lâcher la mère.

La mère. Vous ferez bien ; mais, avant de le faire, examinons un peu ce nid, que vous admirez avec tant de raison. Le tems, que nous donnerons à cet examen, ne sera pas long, et il sera utilement employé.

Voyez comme les dehors de ce nid sont faits de matières grossières. De petites branches de bois, du jonc, du foin, de la paille, de la mousse lui servent de fondement. Sur cette première assise, encore informe, le père et la mère ont étendu, entrelacé, plié en rond des matériaux plus délicats, et les ont disposés de manière à fermer l'entrée de cette petite demeure à la pluie, aux vents et aux insectes. Ils ont ensuite tapissé le dedans avec du duvet, de la laine, du crin, non seulement pour empêcher que les œufs ne se froissent ; mais encore pour entretenir la chaleur autour d'eux et des petits qui en naîtront. D'autres enduisent l'intérieur de leur nid d'une couche de mortier, qui colle et maintient tout ce qui est dessous, et qui, à l'aide d'un peu de mousse ou de bourre qu'ils y attachent, quand il est encore frais, fait par dedans un appartement très-propre et très-commode. L'hirondelle forme son nid sans bois, sans foin, sans lien : elle gâche de la poussière, et de l'eau qu'elle a prise en rasant la superficie de quelque rivière ; et, avec ce secours, elle construit un logement régulier et très-commode. Le nid est toujours proportionné au nombre d'enfants qu'il doit contenir, toujours préparé avant le tems de la ponte, toujours placé dans un lieu, où ils puissent être tranquilles à l'abri de leurs ennemis, et à portée des secours dont cette nouvelle famille a besoin.

L'enfant. Que j'ai de plaisir à apprendre des choses si admirables ! Quelle industrie ! Quelle prévoyance ! Combien ce travail a demandé de peines ! Tout cela me fait bien regretter d'avoir emporté ce nid. La pauvre mère ! Que ces petits sont beaux !

a mère. Que serais-ce, si vous réfléchissiez sur la manière dont ces petits sont venus? Qu'il est touchant de voir tout ce que le père et la mère font pour faire parvenir ces petits êtres à la vie! Que de sollicitudes! Que de peines! Que de privations! Quelqu'éloignés qu'ils soient de leur nid, dès que le besoin de pondre presse la mère, le père quitte tout pour l'accompagner. On a vu des oies, éloignées de près d'un quart de lieue de l'habitation de leur maitre, se détacher tout-à-coup de la troupe, revenir pondre à la maison; le père commun suivre constamment chaque mère; et rien ne pouvait l'empêcher d'en être le conducteur et le gardien, soit en allant, soit en revenant.

La ponte étant achevée, l'oiseau, cet animal si volage, si agile, si inquiet, si inconstant, oublie en ce moment son naturel, pour se fixer sur ses œufs, pendant vingt ou trente jours et même plus. Tous couvent avec tant de patience et de constance, qu'ils aiment mieux souffrir la faim et la soif la plus brûlante ; que de les exposer, pendant qu'ils iraient pourvoir à ces besoins ; de sorte que, si vous n'avez pas eu de peine à prendre cette pauvre mère, que vous tenez entre vos mains, vous l'auriez prise encore plus facilement, dans le tems qu'elle couvait, et qu'elle ne pouvait quitter ses œufs, sans les exposer à se refroidir, et sans manquer sa couvée.

Le besoin presse-t-il la mère d'aller chercher à manger, elle ne sort qu'après avoir pris les précautions les plus minutieuses pour couvrir ses œufs et les garantir du froid. Il y en a, comme le canard, qui s'arrachent alors une bonne quantité de plumes, et en couvrent leur nid. Cependant il est bien rare que la mère soit obligée de quitter son nid, tout le tems qu'elle couve. Le père a soin de pourvoir à tous les besoins de sa femelle, et de l'égayer par ses chants continuels et mélodieux.

Le poulet dans l'œuf est une petite tache qui se trouve sur l'enveloppe du jaune de l'œuf. Ce point imperceptible contient toutes les parties du petit animal qui doit naître. Dès que la chaleur de la mère qui le couve, a pénétré jusqu'à lui, et s'est distribuée dans toutes ses enveloppes pour passer jusqu'au cœur, alors les parties applaties, repliées et arrondies, se gonflent, se développent; et le petit, animé par cette chaleur bénigne et analogue aux principes qui le constituent, commence à prendre vigueur. Tous ces petits canaux, auparavant presqu'invisibles, s'allongent, s'arrondissent, prennent nourriture; et le poulet est formé. Alors il se nourrit du blanc liquide et délicat qui est à portée de lui; ensuite il tire sa vie et son accroissement du jaune, qui est une nourriture plus forte. Enfin, lorsque son bec est durci, et qu'il a rempli toute la capacité de sa maison, où il se trouve à l'étroit, il se met en devoir de rompre sa coque, il sort ayant le ventre rempli de ce jaune, qui lui tient lieu de nourriture encore quelque tems, jusqu'à ce qu'il puisse s'affermir sur ses pattes, et aller chercher lui-même à vivre, ou que la mère lui en vienne apporter. Qu'il est beau de voir le père et la mère, occupés tout entiers du besoin de leur petite famille, aller en quête dès le lever du soleil ; et bientôt de retour, distribuer à manger à leurs enfants avec beaucoup d'égalité ! Qu'il est touchant de voir ces petits becs s'ouvrir, ces coux s'étendre pour courir après la nourriture, et recevoir la part que la mère leur destine ? Quelle attention pour maintenir la propreté dans la maison ? Quelle économie pour que tous ayent le nécessaire ! Un oiseau gourmand n'a plus rien à lui quand il a des petits ; il s'oublie pour ne penser qu'à eux.

L'enfant. Bon Dieu ! que vous me faites remarquer d'ordre, de prévoyance, d'industrie et d'instinct dans des êtres que je croyais aller au hazard ? D'où toutes ces merveilles peuvent-elles venir ? Je vous prie, maman, de me l'apprendre.

La mère. Ce n'est ni vous ni moi, mon

mon cher enfant, qui pourrions faire opérer tant de choses admirables à ces petits êtres, si vils aux yeux de ceux qui ne réfléchissent pas, mais si surprenants et si précieux aux regards de l'homme attentif, qui examine mûrement ce qui se passe autour de lui. Toutes ces petites républiques, qui peuplent les airs, qui couvrent la terre, qui marchent sous nos pieds, se perpétuent et se conservent par des moyens et des loix bien supérieurs au pouvoir et à l'intelligence humaine. Le plus savant des hommes ne saurait rien inventer de si merveilleux; et le potentat le plus puissant ne pourrait l'exécuter. Tout cela est au-dessus de toute intelligence bornée, et de la puissance de l'homme. Il faut absolument qu'il existe un Être suprême, qui ait créé, par sa puissance, tout ce qui subsiste, et dont l'intelligence sans borne ait tout prévu, et arrangé les choses dans le bel ordre que nous voyons.

Mais, mon enfant, si nous restons en extase devant ce petit nid, que serais-ce si nous passions en revue tous les êtres vivants, qui subsistent sur la terre avec des besoins et des instincts très-différents ; si nous examinions ce que le castor, par exemple, ce que le singe, les abeilles, les fourmis font pour se maintenir en société, pour nourrir leurs petits, pour pourvoir à la sûreté de tous ?

De ces vues générales, passons à l'examen particulier d'un oiseau ; nous aurons bien de quoi nous convaincre qu'il n'est pas l'ouvrage du hazard ; mais qu'il doit son existence à un être intelligent, *infiniment* supérieur à l'homme par sa sagesse et par sa puissance.

Voyez cet oiseau, qui plane gaiement dans les airs. Ses aîles lui tiennent lieu de rame pour avancer, tandis que sa queue lui sert de gouvernail, le tient en équilibre, le hausse, le baisse à volonté.

L'enfant. Mais, maman, enseignez-moi comment cet oiseau peut se soutenir dans les airs. Je voudrais bien pouvoir faire comme lui. Je saute, et je retombe bien vîte, parce que rien ne me soutient.

Quel privilège particulier ont donc les oiseaux pour se tenir ainsi suspendus dans le vuide ?

La mère. Vous ne vous soutenez pas dans l'air, parce que vous êtes plus pesant que la masse d'air qui est sous vous, et que cette masse succombe sous le poids de votre corps ; tandis qu'un oiseau s'y soutient, parce qu'il est plus léger que le liquide qui le porte. Car, remarquez bien, mon enfant, l'air est un corps pesant, composé de diverses parties, placées les unes près des autres. Quand une portion ne peut soutenir un certain poids, deux ou trois autres parties ont assez de force pour le faire, en réunissant leurs efforts avec celle-là. Il en est de l'air à-peu-près comme de l'eau. Cette planche surnage sur l'eau, tandis que ce clou s'y enfonce, parce que la planche pose sur plusieurs colonnes du liquide, qui, par leur réunion, sont devenues capables de la soutenir ; tandis que celle, qui est précisément sous le clou, ne peut le porter. C'est pour la même raison que vous surnagez sur une eau qui est profonde, et que vous enfoncez lorsqu'elle est trop basse pour pouvoir vous soutenir.

On a trouvé que l'air pèse deux mille deux cent quarante livres sur chaque corps d'un pied d'étendue en tous sens. C'est donc une chose admirable de voir un oiseau planer facilement, s'élever sans effort dans ce liquide immense, où il est enseveli, et où il devrait être écrasé. Mais l'auteur de la nature lui a donné tout ce qu'il fallait pour opérer cette merveille. Son corps est vêtu de plumes légères et impénétrables, avec lesquelles il frappe l'air, et l'oblige de céder sous ses coups. Quand, à force de travailler, ces plumes sont desséchées, entr'ouvertes ou altérées, l'oiseau puise, avec son bec, de l'huile qui est en réserve dans un petit tissu de chair, sur son croupion, et les passe à l'huile, les lustre, et remplit tous les vuides avec cette matière visqueuse, pour les rendre impénétrables et plus agissantes.

Avec cet habit léger et commode, l'oiseau veut-il s'élever; il se gonfle, il étend ses aîles, sa queue, son cou, développe toutes les parties de son corps; et par ce moyen il devient plus léger, il occupe plus d'espace, il pose sur un plus grand lit d'air; et par conséquent, au lieu d'un appui, il en a plusieurs qui sont comme autant de colonnes, dont les unes soutiennent la tête, les autres le ventre, d'autres le reste du corps. L'oiseau, de son côté, seconde merveilleusement l'air, en le frappant à coups secs et redoublés, en le poussant sur les colonnes voisines, en le repliant sur lui-même, en lui donnant plusieurs secousses propres à le rendre plus actif. Est-il las de voguer, et veut-il descendre; il laisse reposer l'air; il se ressère lui-même en tous sens; il rabat ses plumes sur son corps, et ferme ses aîles. Alors, appuyé sur une moindre portion d'air, il devient plus pesant que la colonne sur laquelle il pose; conséquemment il n'est soutenu qne faiblement, et il retombe doucement à terre, de même que les nuages que vous voyez voler sur notre tête, tout le tems que le feu les tient en dissolution, et dans la nature de vapeur, et qui tombent en pluie, en neige, en grelons, quand le feu les a abandonnés, que le froid a réuni les gouttes d'eau, dont ils sont composés, et qu'ils ont enfin formé une masse trop pesante pour être soutenue sur la surface des airs. C'est par la même raison, qu'un oiseau tombe à terre dès qu'il est tué.

L'enfant. Tout cela ne fait qu'augmenter mon admiration, et me confirmer de plus en plus dans la pensée qu'il y a un être infiniment sage, qui a conçu ces merveilles, et infiniment puissant, qui les a exécutées. Mais, maman, comment se former l'idée d'un Dieu qu'on ne voit pas, et que vous m'avez dit tant de fois être invisible à nos yeux?

La mère. Personne ne voit l'air, et personne ne le verra jamais, parce que les parties, dont il est composé, sont trop déliées, trop minces, trop désunies, pour frapper nos yeux. Cependant il faudrait être insensé pour en nier l'existence, après avoir vu qu'il porte les oiseaux ; qu'il soutient les nuages ; qu'il les promène sur ses aîles ; qu'il agite et renverse les arbres ; qu'il fait aller nos moulins à vents, et qu'il nous rend une infinité de services. Ce n'est donc que par les effets que nous jugeons, à n'en pas douter, qu'il y a au-dessus de nous un élément que nous ne voyons pas, et qui n'est invisible à nos yeux, que parce qu'il faut qu'il soit ainsi pour nous rendre les services que Dieu a voulu qu'il nous rendît : tels que de nous donner la facilité de le traverser sans peine ; de promener nos regards sur tout ce qui nous environne ; de laisser la liberté aux rayons du soleil de parcourir plus de trente millions de lieues, pour venir en moins de huit minutes nous éclairer, nous réchauffer ; donner la vie à tout ce qui respire ; nous transmettre les sons, les couleurs, et faire végéter tout ce qui existe. Jugez de même qu'il y a un Dieu, parce que les choses qui subsistent, n'ont pu être conçues ni créées, que par un être infiniment supérieur en intelligence et en pouvoir, à tout ce qu'il y a sur la terre d'hommes remarquables par leur puissance et par leur sagesse.

L'enfant. Cependant, maman, on souhaiterait tant de voir Dieu ; pourquoi s'est'il rendu invisible ?

La mère. Rien de plus naturel, mon fils, que de desirer de voir celui à qui on doit tout ; mais il n'est pas moins naturel qu'il soit invisible à nos yeux ; parce qu'ils ne peuvent appercevoir que ce qui est capable de les affecter ; et il n'y a que ce qui est grossier, matériel, que ce qui est corps en un mot, qui soit dans ce cas. Par conséquent, comme Dieu n'est pas un corps, comme il n'est ni grossier ni matériel, il ne peut tracer son image dans nos yeux ni être vu par aucun mortel. Et pourquoi Dieu n'est-il pas matériel ? C'est que tout ce qui est matière est sujet à corruption, à imperfection ; est nécessairement resserré dans des bornes étroites ; et, comme Dieu est infiniment parfait, qu'il est par-tout, qu'il voit tout, il faut qu'il soit spirituel, sans composition et exempt de toutes les imperfections de la matière.

L'enfant. Je conçois effectivement, maman, qu'il est plus avantageux d'être un esprit qu'un corps. Mais Dieu, n'ayant ni membres ni corps, n'a pu, ce me semble, produire tout ce qui compose cet univers. Pour que je fasse quelque chose, il me faut des bras ; il faut que je les exerce : comment donc Dieu, qui, selon ce que vous dites, n'a ni bras ni aucun membre, a-t-il pu faire ce que tous les bras du monde n'auraient pu exécuter ?

La mère. Pour qu'un être tout-puissant opère, il n'a pas besoin de remuer ni bras ni jambes, ni d'agir ; tous ces secours ne sont nécessaires qu'à un être impuissant, tel que l'homme. Il suffit qu'il veuille ; à l'instant sa volonté est accomplie. Voulez-vous une preuve assez sensible de ceci ? Réfléchissez sur ce qui se passe en vous-même, quand vous faites quelque chose.

Votre ame ne remue-t-elle pas les membres de votre corps, sans qu'elle fasse le moindre effort, et par la seule force de son vouloir ? Tout ce que votre ame desire que votre corps fasse, il le fait à l'instant. Vous ne savez ce qu'il faut faire pour fermer et ouvrir votre main ; car vous ignorez quels sont les nerfs de votre bras qu'il faut toucher pour tenir la main ouverte, et quels sont ceux qui sont destinés à la fermer. Cependant voulez-vous porter votre bras à droite ? il y est à l'instant : voulez-vous le reporter à gauche, l'élever, l'abaisser ? tout a été exécuté, au moment que vous l'avez voulu. Il en est de même de Dieu ; il suffit qu'il veuille : à l'instant tout est en mouvement pour exécuter ses ordres. Tout est soumis à sa volonté.

L'enfant. Quoiqu'il en soit, maman, la création me paraît impossible. Je ne puis concevoir comment un être seul, si puissant qu'on le suppose, a pu créer cet univers avec tout ce qu'il contient.

La mère. Les réfléxions suivantes vous aideront, mon cher enfant, à vous convaincre de la possibilité de la création, dont vous desirez avoir quelques idéés.

Quand la nuit arrive, tout est à nos yeux comme s'il n'existait pas : tous les êtres sont plongés dans un sommeil semblable à la mort ; tout est comme anéanti pour nous ; et ce vaste univers ne paraît plus qu'un cahos. Le soleil reparaît-il : il rend à nos corps engourdis leur première vigueur ; nos sens reprennent des fonctions qu'ils avaient oubliées ; tous les êtres semblent tout-à-coup reprendre naissance, et jouir d'une nouvelle vie. Pendant l'hiver, tout est mort. Le soleil se montre-t-il : la nature semble sortir du néant ; elle se ranime et produit de nouveaux êtres.

Voilà un miracle que le soleil reproduit souvent ; miracle qui ne cesse d'être étonnant pour nous, que par l'habitude où nous sommes de le voir se renouveler tous les jours. Mais qu'est-ce que le soleil en comparaison de Dieu ? Une de ses faibles créatures ; un être sans intelligence, et sans force, que la providence a placé au milieu d'une infinité de mondes, pour les éclairer, pour ramener les diverses saisons de l'année, pour reproduire ponctuellement les différentes températures de l'air nécessaires à faire éclore, vivifier, mûrir toutes les choses destinées au service des êtres animés ; tandis que Dieu est doué d'une intelligence infinie, d'une bonté suprême, d'une puissance sans borne, et qu'il peut infiniment plus que toutes ses créatures ensemble. Rien en conséquence de ce qui est possible, ne peut être au-dessus de ses forces. Qu'il dise : *que tout le monde soit anéanti*, tout sera anéanti ; *que tout soit reparé*, tout sera réparé. Je conçois même qu'il peut faire beaucoup plus de choses que le monde n'en contient, et que nous ne sommes qu'une très-petite partie de ce qu'il peut

peut faire ; puisqu'enfin tout ce qui subsiste a des bornes, et que le pouvoir de Dieu n re connaît aucune limite.

L'enfant. Mais Dieu, qui a créé avec tant de magnificence tout ce qui subsiste, ne peut-il pas, après tous ces bienfaits, abandonner ses créatures à elles-mêmes, et ne se plus mêler d'elles ?

La mère. Un coup-d'œil jeté sur ce qui nous environne, suffira pour nous convaincre que Dieu prend un soin particulier de toutes ses créatures. Vous venez de voir, mon cher enfant, ce que Dieu fait pour les oiseaux ; et le peu que je vous en ai dit, doit vous convaincre de toute l'attention qu'il apporte à leur conservation et à leur bien-être. Si, de l'examen des habitants des airs, vous passez à celui des habitants des eaux et de la terre, vous trouverez par-tout les mêmes preuves d'une providence singulière, qui veille à la conservation de tous les êtres, et qui a donné à ce qui existe, ce qu'il faut pour se soutenir, se perpétuer, et résister à ce qui pourrait lui nuire.

Il fallait aux poissons une robe légère, impénétrable à l'eau, et bien différente de celle des oiseaux. Aussi qu'y a-til de plus léger, de plus impénétrable à l'eau que les écailles des poissons? Avec quelle économie, quel ordre admirable l'auteur de la nature ne les a-t-il pas arrangées? Elles sont passées à l'huile, tant pour les rendre souples, et les peindre des plus belles couleurs, que pour les défendre du froid, qui les glacerait pendant l'hiver, et dans les contrées du nord.

La figure des poissons est un peu aiguisée par la tête, afin de les rendre propres à fendre la masse des eaux. Leur queue est faite de façon qu'en frappant également de droite et de gauche, le reste du corps avance en ligne droite, et autrement, si les coups sont inégaux. Les nageoires, qui sont sous le ventre du poisson, servent à le faire avancer, et à le maintenir en équilibre dans l'eau; en sorte que si le poisson joue des nageoires qui sont à gauche, et replie celles qui sont à droite, tout le mouvement est aussitôt déterminé vers la droite; de même qu'un bateau à deux rames, si on cesse de faire agir une de ces rames, tournera tout d'un coup vers le côté où la rame ne fait plus d'effort contre l'eau.

La petite vessie, ou les poumons que la nature a placés au-dedans des poissons, servent à les rendre plus légers ou plus pesants; de sorte que, s'ils enflent leur vessie ou leurs poumons, ils deviennent plus légers, et montent à volonté; s'ils les resserrent et les applatissent, ils sont plus pesants, et descendent par conséquent plus bas; parce qu'alors la colonne d'eau sur laquelle ils posent, se trouvant surchargée, s'affaisse sous leur poids, à proportion que leur pesanteur augmente.

Le prodigieux appareil avec lequel Dieu a formé les plus vils insectes, est la preuve la plus sensible de sa magnificence, et des soins qn'il prend de tous les êtres. Outre qu'il leur a donné un nombre prodigieux d'yeux et de réseaux, qui leur font voir les objets en tous sens, il a pratiqué sur leur corps des ouvertures qui répondent à l'intérieur, et qui sont destinées à leur servir de poumons pour respirer. De ces poumons partent en-dedans du corps une infinité de petits canaux, qui se partagent en une quantité d'autres prodigieusement petits, qui portent l'air et la vie dans toutes les parties du corps. Cet air, après avoir rafraîchi le corps, sort par les pores de la peau, et fait place à un nouvel air plus pur et plus actif.

La métamorphose des insectes est encore bien capable de découvrir les traces de la providence, et ses merveilleuses opérations sur ces petits animaux. En effet, est-il rien de si admirable dans la nature que de voir un animal qui se présente sur la scène du monde, sous plusieurs formes parfaitement distinctes ? Maintenant un vermisseau dégoûtant, bientôt un petit morceau de parchemin desséché; enfin un papillon agile.

Si la providence se montre avec tant d'éclat dans la formation des animaux, elle ne brille pas moins dans l'instinct qu'elle a donné à chacun d'eux, pour subvenir à leurs besoins et à leur conservation. Il suffit de s'arrêter auprès d'une fourmillière, d'une ruche à miel, ou d'une habitation de castor, pour remarquer, dans les animaux, une espèce de gouvernement, d'industrie et d'économie aussi bien organisés que chez les hommes. Ils ont des dents, des scies, des dards, des pinces, une cuirasse, des aîles, des ressorts, mille armures propres à se défendre ou à attaquer. Ils ont des ruses, tous une manière particulière pour faire tomber leur proie dans les embûches qu'ils lui dressent. Ici, l'araignée fait une toile avec un art merveilleux; se niche au milieu, et attend avec patience que quelque mouche donne contre. Alors elle fond sur sa proie, et la garotte en l'enveloppant dans sa toile. Là, le formica-leo se tient au centre d'un entonnoir mouvant, qu'il forme avec du sable, où la fourmi laborieuse tombe, et devient la proie de son ennemi. Ailleurs, la tortue et la chrisomêle marchent sous le masque, toutes couvertes de leurs excréments, pour n'être pas reconnues des oiseaux qui en sont friands. La pinne marine, afin de n'être pas dévorée par le polipe à huit pattes, reçoit dans sa coquille la pinotère, qui est nue, parce que celle-ci a les yeux très-bons, qu'elle va à la picorée pour son hôtesse, et que, dès qu'elle apperçoit l'ennemi de sa compagne, elle jette un cri, et avertit la pinne marine de fermer vîte ses vulves, etc.

Enfin, si Dieu donne de l'industrie à tous les animaux, s'il leur fait sentir des besoins, s'il les pousse par un instinct particulier à y pourvoir, il leur fournit abondamment de quoi vivre, et satisfaire à leurs appétits.

Pour se convaincre de cette vérité, il suffit de remarquer l'embonpoint de tous les animaux sauvages; de réfléchir sur la force de l'instinct qui leur fait découvrir, dans les simples qui couvrent la terre, ceux qui sont propres à les nourrir, ou à les guérir de leurs maladies;

d'être témoin des précautions qu'ils prennent, de chercher toujours la température la plus convenable à leur bien-être.

Qu'il est admirable de voir, aux approches de l'hiver, une quantité d'oiseaux, épars jusques-là, se rassembler en troupes, et aller à plusieurs centaines de lieues chercher des pays plus tempérés, et une nourriture plus abondante; n'être arrêtés ni par les montagnes, ni par une longue étendue de mers, ni détournés par les vents de la route précise qu'il faut suivre pour arriver. Peut-on voir sans surprise une grande colonne de harengs quitter, au commencement de l'hiver, les contrées froides du nord, se diviser en plusieurs bandes, pour ne pas manquer de vivres sur la route, et se porter dans des pays plus tempérés, où leurs œufs puissent éclore, et leurs petits trouver une nourriture plus convenable à leur délicatesse; se réunir ensuite en deux colonnes, pour retourner à leur patrie, où l'une arrive du côté de l'orient et l'autre du côté du septentrion. Or, si les animaux, les plus vils et les plus abjects à nos yeux, trouvent abondamment de quoi fournir à leurs besoins, à combien plus forte raison l'homme, qui est le plus parfait des ouvrages, dont Dieu a embelli la terre, et pour qui il paraît qu'il a tout fait, doit-il compter sur les soins de la providence, et trouver de quoi se nourrir, se vêtir et satisfaire le desir naturel de trouver sa félicité. Néanmoins, s'il s'est fait des besoins contraires aux vues de son créateur, s'il s'est laissé emporter par ses passions et ses desirs effrénés au delà des bornes de la tempérance, à quoi s'en prendra-t-il, sinon à sa dépravation ? Revenons à notre vraie destination ; renfermons-nous dans les bornes de la modération ; ne nous approprions pas la part destinée à soulager les besoins de nos semblables ; contentons-nous du simple nécessaire, et nous trouverons bientôt chacun en particulier, ce qui nous suffit pour vivre contents et heureux sur la terre.

L'enfant. Ne dit-on pas cependant,

maman, que Dieu n'aime pas les méchants, qu'il hait le pécheur, et qu'il le châtie sévèrement. Or cette haine, ces sévères chatiments me paraissent bien contraires à ce que vous me dites de l'amour de Dieu pour nous.

La mère. Non-seulement, mon ami, Dieu aime tous les hommes; mais encore il est impossible qu'il les haïsse jamais, selon l'idée, que vous paraissez avoir de la haine; c'est-a-dire, que Dieu ne peut vouloir faire du mal aux hommes, dans l'intention seule de leur faire du mal; parce que cela répugne à son infinie bonté, et à ses autres perfections. Il les punit à la vérité, quand sa sagesse l'exige, pour maintenir l'ordre, pour retenir l'homme dans le devoir; parce qu'il ne peut ni ne doit vouloir le désordre, le trouble et la dépravation; il faut au contraire qu'il favorise tout ce qui tend à rendre l'homme plus parfait, plus heureux, la société plus tranquille, plus sûre; et à faire régner la paix parmi les hommes; mais s'il punit les méchants, c'est sans aucune complaisance dans le mal, qu'il leur fait souffrir, et sans aucun sentiment de vengeance et de haine. Dieu se conduit toujours par le seul desir du bien, et jamais par une pure malignité, défaut qui répugne à l'idée d'un être souverainement parfait. Il agit, comme un juge intègre, qui, pour maintenir les loix et la sûreté publique, ordonne la punition d'un scélérat, en même tems qu'il serait bien aise de le trouver innocent; et qui est attendri à la vue des supplices qu'il lui voit endurer, pour satisfaire à la justice humaine.

L'enfant. Je suis enfin convaincu que Dieu aime tous les hommes, et qu'il est incapable d'en haïr aucun; mais je serais curieux de savoir jusqu'où va cet amour, et en quoi il consiste. Voudriez-vous, maman, satisfaire à cette nouvelle demande?

La mère. Très-volontiers, mon enfant, d'autant plus que ce que je vous dirai là dessus vous donnera une très-grande idée de la divinité, vous instruira des relations que nous devons avoir avec elle, vous fera connaître vos devoirs les plus essentiels et tout ce que vous avez à faire pour être heureux.

Dieu a toutes les perfections, et tous les biens viennent de lui. Il faut donc que l'amour qu'il a pour nous, soit conforme à l'idèe que nous avons d'un être souverainement parfait. Par conséquent l'amour, qu'il a pour les hommes, doit être un amour désintéressé, bienfaisant, constant, perpétuel, conforme à l'ordre, et propre à nous rapprocher de lui par nos perfections. Ceci s'éclaircira par quelques détails, que vous entendrez avec plaisir.

1.° L'amour, que Dieu a pour nous, est désintéressé. Il a tout, et tout vient de lui. Il n'a aucun desir à former. Par conséquent s'il nous aime, s'il nous recherche, ce n'est pas qu'il ait besoin de nous; c'est notre seul avantage qu'il a en vue; il nous donne tout, et nous dépendons de ses bienfaits en toute chose.

2.° Cet amour est bienfaisant. Dieu est la bonté même, comme il est le souverain bien. C'est lui qui est l'auteur de tout ce qui est dans le monde, et de tous les biens qui sont dans l'homme. C'est lui qui a crée en nous tout ce que nous sommes, et tout ce qui est propre à faire notre bonheur. Tous les plaisirs, dont nous jouissons, tous les sentiments agréables que nous éprouvons, viennent de Dieu ou de ses créatures. C'est donc Dieu seul, que nous devons aimer véritablement dans tout ce qui nous paraît aimable, puisque c'est lui seul qui nous en donne le sentiment et le moyen de l'acquérir.

3.° Cet amour est conforme à l'ordre et tend à le maintenir. L'ordre est le fruit de la sagesse, et le désordre celui de l'imperfection et le père de tous les vices. Dieu ne peut donc qu'il n'aime l'ordre et qu'il n'ait en aversion le désordre. Mais, s'il aime l'ordre, il doit également aimer tout ce qui est propre à le maintenir parmi les hommes, et détester tout ce qui pourrait le troubler. Mais, mon enfant, tout ce qui est nécessaire à notre conservation, tout ce qui convient à notre

notre bien-être, est propre à maintenir l'ordre parmi nous ; comme tout ce qui peut nuire à notre repos, à nos jouissances, au bonheur et à la tranquillité de tous, est un mal et un vrai désordre. Nous sommes donc sûrs que Dieu favorise le premier état, et désaprouve le dernier.

4.° L'amour que Dieu a pour nous, est constant et perpétuel. Cet amour est celui d'un être constant et qui ne change point de desseins, comme les hommes ; il doit conséquemment être immuable et éternel comme lui, si l'homme ne s'en rend pas indigne par ses infidélités. Dieu ne se plaît à répandre sur nous ses biens, qu'antant qu'il nous aime ; et, comme il n'y a aucun instant que nous ne recevions quelque bienfait de lui, il n'y a aucun instant qu'il ne nous aime. Nuit et jour nous sommes l'objet de ses complaisances ; la vie dont nous jouissons, le sommeil qui répare nos forces, l'air que nous respirons, tout ce que nous sommes est un présent de

Dieu. Il n'est aucun moment de la vie de l'homme, même dans les instants qu'il se croit le moins favorisé de la providence, où il n'ait la satisfaction de sentir qu'il existe ; qu'il a un corps et une ame qu'il ne s'est pas donnés ; qu'il peut avec l'une et l'autre de ces substances se procurer une infinité de plaisirs, mille sensations agréables, mille pensées flatteuses, mille situations délicieuses ; qu'il peut par ses mains, par ses pieds, par sa langue, par ses yeux et par les autres organes de son corps, se donner une félicité parfaite, qu'il est en son pouvoir de renouveler à chaque instant. Il est vrai, mon cher enfant, que l'habitude, où nous sommes, de jouir de ces avantages, diminue en nous la douceur de les posséder ; mais vous en comprendrez tout le prix, si vous réfléchissez sur ce que souffre celui qui en a perdu une partie. Qui pourrait rendre, par exemple, toutes les privations qu'endure un homme, à qui on a arraché un œil, ou coupé une jambe ? Rien au monde n'est capable de compenser cette perte, et d'en dédommager celui qui l'a faite.

5.° L'amour de Dieu pour les hommes tend à les unir avec lui. Nous venons de le voir, mon enfant ; Dieu nous aime d'un amour immuable, et il n'a pu nous faire dans le dessein de nous rendre malheureux. Il a voulu que nous fussions heureux, et que nous recherchassions notre bonheur dans tout ce que nous faisons. Nous verrons bientôt que nous ne pouvons être heureux sans lui. Il doit donc faire de son coté tout ce qu'il faut pour nous unir à lui. Il est effectivement trop parfait pour s'abaisser jusqu'au néant de sa créature ; mais il tire ce néant de la poussière pour l'élever jusqu'à lui, et lui donne les moyens d'arriver par ses perfections, jusqu'aux pieds de son trône sublime.

L'enfant. Si c'est Dieu, qui a mis en nous ce desir d'être heureux et de chercher notre bonheur dans tout ce que nous faisons, il nous doit être facile d'acquérir le bonheur ; voudriez-vous, maman, me faire connaître ce que je dois faire pour être heureux ?

La mère. Rien ne me sera plus facile, mon cher enfant. Pour être heureux, il suffit de posséder de quoi satisfaire tous ses desirs, sans craindre d'en être privé. Or nous trouvons tous au dedans de nous de quoi nous procurer ce précieux avantage. Il ne dépend que de notre volonté.

L'enfant. Je crois, maman, avoir déviné ce qui constitue ce bonheur. Je pense qu'un homme qui a de la santé, des richesses, de l'honneur et de la gloire a tout ce qu'il faut pour être heureux.

La mère. Vous vous tromperiez beaucoup, mon fils, si vous pensiez que ces biens réunis ou séparés peuvent faire le vrai bonheur de l'homme. Si Dieu nous a imprimé à tous une pente invincible vers tout ce que nous croyons propre à faire notre félicité, il a conséquemment voulu que le chemin qui conduit au bonheur, fût ouvert et facile à tous les hommes. Pour cela trois choses sont nécessaires. Il faut 1.° qu'il soit en notre pouvoir d'acquérir les biens destinés à faire notre bonheur ; 2.° que nous puissions les posséder sans craindre de les perdre ; 3.° que cette possession fasse réellement notre bonheur. Mais il n'est pas en notre pouvoir d'avoir de la santé, des honneurs et des richesses. D'ailleurs ces biens ne sont pas assez réels, assez grands, assez élevés, assez purs, assez dignes de l'homme et de Dieu, pour satisfaire pleinement nos desirs, ni assez durables et constants pour nous rassurer contre leur perte. Un moment peut nous les donner, un moment peut nous les ôter. Supposons que tous les biens de la fortune, gloire, richesses, grandeur vous soient comme prodigués ; ces avantages seuls ne pourront vous faire jouir de la vraie felicité à laquelle vous êtes destiné, et peuvent vous rendre malheureux. Pourquoi cela, mon enfant ? parce qu'aucun de ces biens n'est inaccessible aux caprices de la fortune, à la malice des hommes, à l'empire du tems, aux coups de la mort; au lieu que la vraie félicité doit nous affranchir de la crainte des revers, nous mettre à couvert des artifices des méchants, des remords d'une conscience éclairée, des frayeurs de la mort, et nous procurer une félicité pure, calme, permanente et toujours sereine. Concluons donc que les richesses et les honneurs ne sont pas propres à faire le vrai bonheur de l'homme.

L'enfant. Je ne vois plus que le bonheur que produisent les passions; mais, maman, je vous ai entendu dire qu'il fallait résister à ses passions pour être heureux.

La mère. La volupté des sens n'est ni assez solide ni assez durable pour constituer la vraie félicité; c'est l'affaire d'unmoment. Le vrai plaisir de l'homme consiste au contraire à modérer ses passions, à fuir tout ce qui pourrait les irriter, et à garantir son ame de tout ce qui peut en altérer la tranquillité. En effet, mon enfant, pour peu que nous considérions quelles sont l'excellence et la dignité de l'homme, nous comprendrons quelle honte, quel opprobre c'est d'être noyé dans les délices, de vivre dans la débauche et la dissolution ; nous nous convaincrons combien la retenue, la frugalité, la continence, l'austérité des mœurs honorent l'homme, et lui donnent de la considération et de l'estime parmi ses semblables. Aussi, si quelqu'un s'est assez avili pour s'y laisser prendre, il ressent au dedans de lui des remords qui le tourmentent, il déguise sa passion, il se cache, parce-qu'elle le déshonore et le dégrade à ses yeux. Ces plaisirs ne sont propres qu'à éloigner le vrai bonheur, et à livrer celui qui s'y laisse entraîner, au dégout, aux inquiétudes et aux remords.

L'enfant. Cependant il faut des plaisirs à l'homme pour être heureux.

La mère. Sans doute, mon enfant, il faut des plaisirs à l'homme ; sans cela il serait malheureux ; mais ce sont des plaisirs convenables à sa nature et à sa dignité d'être raisonable ; et nous venons de voir que les plaisirs que procurent les sens et les biens de la fortune ne sont pas propres à faire notre bonheur ; qu'au contraire, ils peuvent nous précipiter dans toutes sortes de maux.

L'enfant. Quels sont donc ces plaisirs maman ? je meurs d'envie de les connaître, pour me les procurer.

La mère. C'es plaisirs si purs, si dignes de l'homme raisonnable, sont ceux qu'il goûte en travaillant à se rendre plus parfait, plus digne de lui, de ses semblables et de l'Être suprême ; parce que le bonheur, qu'il trouve en se perfectionnant, remplit les trois conditions requises pour constituer la vraie félicité : son acquisition est facile ; sa possession comble tous nos desirs, et sa durée est sans borne.

1. Il n'y a rien qui soit plus en la puissance de l'homme, qui dépende plus de sa volonté que le bon usage de ses facultés, de ses bras, de ses mains, de sa raison, de sa fortune et de son pouvoir.

Tout le monde n'est-il pas le maître de ne rien faire par passion ; de se conduire toujours par les lumières de sa raison ; de vivre avec décence , avec réflexion ; de ne rien entreprendre , dont il puisse se repentir ; de devenir de jour en jour plus sage , plus vertueux , plus digne de lui et des autres.

2. Cette acquisition remplit tous les desirs de l'homme raisonnable. De quelque côté que jette les yeux un homme parfait, il ne trouve que des sujets de contentement et de félicité : les mouvements de son corps sont réglés ; sa conscience jouit de la paix la plus profonde; les affections de son ame sont légitimes ; il n'ambitionne que les vrais biens ; la vérité seule lui plaît ; toutes ses facultés, toutes ses paroles , toutes ses pensées , tous ses sentiments , toutes ses actions, en un mot, sont soumises à l'ordre et tendent directement au bonheur commun de la société.

3. Personne n'est capable d'enlever à qui que ce soit sa perfection et le plaisir

qui l'accompagne. Tout cela lui est propre, il le porte par-tout avec lui, et par-tout il fait son bonheur. Sa perfection est lui-même; elle est tellement incorporée avec son être, que rien ne peut la lui ôter. Elle est dans son ame, comme dans un asile inaccessible à la méchanceté des hommes et aux traits de la fortune.

L'enfant. Mais ces biens, qui font mon bonheur actuel, le feront-ils toujours; et ne peut-il pas se faire que je m'en dégoûte?

La mère. Vous cesseriez donc alors de vous aimer vous-même, et de rechercher votre satisfaction : vous commenceriez donc à aimer votre avilissement; à vous complaire dans votre dépravation; à rechercher le néant et l'opprobre; à vous plonger dans un abîme de misère et de regrets. Non, mon enfant, non; tout le tems que nous vivrons, nous aimerons notre gloire, notre perfection, et notre avancement dans le bien.

Que conclure de ceci, mon fils; cest

que la perfection de l'homme fait son souverain bien ; et que nous n'avons point d'autre voie à choisir pour tendre sûrement à la félicité, que de travailler à nous rendre parfaits.

L'enfant. Je vois effectivement, maman, que l'homme a bien de l'intérêt à donner tous ses soins à sa perfection ; mais que faut-il faire pour y travailler avec succès ?

La mère. Ce travail, outre qu'il est plein de charmes et de consolations, n'est pas bien difficile pour quiconque a le courage de l'entreprendre. Pour devenir heureux, vous n'avez point d'autres conseils à prendre que de vous-même. Dans toutes vos actions, interrogez votre cœur, votre conscience, les leçons de la raison et l'expérience. Ce sont là les seuls livres, les seules lumières et les seuls guides que vous ayiez à consulter. Vous les aurez toujours à votre disposition. Si vous avez de la bonne volonté et si vous les consultez de bonne foi, ils ne permettront jamais que vous vous égariez dans la recherche de la félicité.

L'enfant. Que demande de nous la raison pour nous conduire au bonheur?

La mère. La raison dit à tous les hommes, qui veulent être heureux : « Ne négligez rien pour bien connaître » vos devoirs, et pour vous rendre ca- » pables de les remplir. Défiez-vous de » vous-mêmes, et tenez-vous en garde » contre vos passions. Apprenez à bien » connaître ceux avec qui vous avez à » vivre, et étudiez-vous à leur rendre » votre société agréable et utile. Évitez » le commerce des hommes vicieux ; » recherchez la compagnie des gens de » bien ; formez-vous à la prudence et à » la sagesse ; perfectionnez vos talents ; » faites le plus grand bien, dans la vue » de plaire à Dieu. Par ces moyens, » vous ne pouvez manquer de croître en » vertu. »

L'enfant. Et le cœur, que nous dit-il?

La mère. Il nous dit qu'il lui faut des plaisirs, mais qu'ils ne peuvent faire son bonheur, s'ils sont ceux de la brute, que rien

rien fait naître, et que rien fait disparaître. Il demande des plaisirs solides et purs, qui n'entraînent après eux, ni le dégoût ni le repentir; que le calme accompagne par-tout; que la douce espérance soutienne au milieu des orages; qui nous rapprochent de l'Être bienfaisant qui ne nous a tirés de la poussière du néant, que pour nous élever, par nos vertus, jusqu'à lui; et qui a voulu que rien, excepté lui, ne pût satisfaire pleinement nos desirs.

L'enfant. Mais cette vertu, qu'est-ce que c'est?

La mère. L'homme est intègre ou vertueux, lorsque, sans aucun motif bas et servile, tel que l'espoir d'une récompense, ou la crainte d'un châtiment, il contraint toutes ses passions à conspirer au bien général de son espèce. Par conséquent, tout ce qui tend à la conservation et au bonheur de l'humanité, est un acte de vertu; et tout ce qui s'oppose au bonheur de la société, est un mal. Les principes de la vertu sont gravés dans le cœur de l'homme. Il en apporte les germes en naissant, et ils sont fondés sur ses vrais besoins, et sur les plaisirs dignes de lui.

L'enfant. Mais, maman, l'expérience s'accorde-t-elle avec la raison et le cœur sur l'objet de notre bonheur ?

La mère. L'expérience approuve absolument les mêmes principes que la raison et le cœur. Elle a toujours appris qu'on ne trouve jamais le véritable plaisir dans la bassesse du vice, ni dans les penchants d'un cœur corrompu, qui dégradent toujours l'homme, et l'avilissent honteusement. Il ne réside que dans la pratique des vertus domestiques et publiques. Les hommes vertueux, tourmentés pour la vertu, ont montré un visage riant dans les plus cruels supplices; tandis que des scélérats fortunés, que des riches puissants ont avoué qu'ils n'étaient pas heureux au milieu des plaisirs préparés par le crime.

L'enfant. Cependant, maman, j'ai entendu dire que le chemin de la vertu est semé d'épines, et que celui du vice est facile à suivre.

La mère. On ne peut nier, mon cher enfant, qu'on ne rencontre sur la route de la vertu, beaucoup d'épines, et des douleurs cuisantes; mais elles sont bien moindres que celles que le libertin trouve en marchant dans le chemin du vice. Elles disparaissent bientôt, ou du moins elles s'adoucissent beaucoup, si l'on est constant à marcher dans la voie de la perfection.

Les maux qui assiégent l'homme dans le cours de sa vie, ou sont volontaires ou involontaires. S'ils sont volontaires, ils n'atteignent pas l'homme vertueux; et le méchant, qui ne les souffre que par sa faute, doit se dire : Ce sont mes passions qui m'ont réduit dans cet état; c'est moi qui me suis volontairement couvert de la honte, de l'opprobre, de la confusion qui m'humilient. Et il faut avouer que c'est-là la peine la plus sensible que l'homme puisse souffrir sur la terre.

Pour les maux involontaires, tels que

la maladie et les accidents, ils sont communs aux bons et aux méchants. Cependant, il y a encore une différence, tout à l'avantage de l'homme vertueux ; c'est que l'homme vicieux en sent toutes les épines, et en est continuellement accablé ; au lieu que, dans les maux qui affligent l'humanité, l'homme juste a recours à la patience, à la tranquillité d'ame, à la résignation à la volonté de Dieu sur nous ; de ce Dieu qui nous aime, et qui ne nous envoie ces maux que comme des remèdes salutaires, pour guérir notre ame de son orgueil, de son indépendance, de son ingratitude et de ses autres vices. Il n'y a point de maux que n'adoucisse la pensée d'une divine providence, quand elle est dans l'ame d'un homme qui travaille à sa perfection.

L'enfant. Il paraît, maman, que Dieu devrait faire plus de bien aux hommes vertueux qu'aux méchants ; cependant le contraire arrive ici-bas, où les hommes parfaits sont dans la misère, tandis que les hommes vicieux jouissent paisiblement des biens de la fortune.

La mère. On voit bien, mon cher enfant, que vous n'avez pas encore beaucoup d'expérience du monde; car, si vous connaissiez l'état du juste sous le poids des misères qui semblent l'accabler, et celui du méchant, vivant au milieu des délices du monde, vous changeriez bien de sentiment ! Le juste, courbé sous le faîte des misères, goûte une paix intérieure qui ne le quitte jamais; et le riche, sous ses lambris dorés, est en proie à l'ambition et aux remords les plus cuisants de sa conscience.

D'ailleurs ce que vous appelez bien et maux sont-ils tels aux yeux de Dieu et des hommes raisonnables? Ce sont des choses indifférentes, qui ne deviennent bonnes ou mauvaises, utiles ou nuisibles que par la manière dont nous nous en servons. Ce sont des moyens que Dieu met entre nos mains, pour contribuer, suivant les circonstances, à notre perfection, unique source de bonheur. Souvent même ce qui nous paraît un mal, est destiné à nous préserver des véritables maux, et à nous conduire au vrai bonheur. Combien d'ames se seraient amollies par les délices de la vie, et auraient passé leurs jours dans l'oisiveté et le désordre, si Dieu ne les eût pas affermies en les faisant passer par le creuset des tribulations? Combien de méchants ont dû leur retour à la vertu, à un revers, à une maladie, à une persécution? Le plus de bien ou de maux ne font donc voir aucune irrégularité de la part de Dieu. Il n'emploie des instruments différents pour nous élever jusqu'à lui, que parce que notre bonheur l'exige, vu la différence de nos caractères, de nos inclinations et de nos engagements.

L'enfant. Dieu, qui a tout fait pour l'homme, qui l'a créé afin de le rendre heureux, qui emploie des moyens si admirables et si féconds pour l'attirer à lui, n'exige-t-il rien de la part de ses créatures?

La mère. Dieu a sans doute droit

d'exiger quelque chose de ses créatures, et tout concourt à nous prouver qu'il en exige beaucoup de celles qui sont raisonnables. Quant à celles qui sont irraisonnables et muettes, nous voyons qu'elles suivent constamment le mouvement et l'impulsion que Dieu leur a donnés. Elles vont constamment à leur fin, et ne s'écartent jamais des limites que Dieu leur a prescrites. L'homme, qui est une créature raisonnable, doit en conclure que Dieu s'est proposé une fin en le créant; qu'il veut qu'il vive d'une manière conforme à sa nature; qu'il remplisse toutes les vues qu'il a eues sur lui en lui donnant l'existence; et qu'il aille avec fidélité et constance à sa fin. Or, nous venons de voir que les vues de Dieu sur l'homme, sont qu'il travaille à perfectionner son être, et qu'il cherche en toutes choses à se rapprocher, par dégrés, de celui qui lui a donné le jour, pour s'élever jusqu'à lui par la pratique constante de toutes les vertus.

L'enfant. Mais, pourquoi, maman,

Dieu veut-il que nous trouvions notre bonheur en lui, et que ce qui n'est pas lui, ne puisse faire notre félicité ?

La mère. Pour plusieurs raisons. 1°. Dieu nous aime, et il ne peut nous donner une meilleure preuve de son amour, qu'en nous attirant à lui. 2°. Dieu étant notre maître et notre créateur, semblerait se dépouiller de ces deux qualités, s'il nous abandonnait à nous-mêmes; et il ne serait pas Dieu si, hors de lui, nous pouvions trouver un bonheur tel que nous le desirons pour être parfaitement heureux. 3°. Dieu est la source de tout bien; à mesure qu'on s'éloigne de lui, on se jette dans de plus grands maux. 4°. Dieu est souverainement parfait; et, comme nous devenons plus parfaits à proportion que nous nous approchons de lui; de même nous devenons plus imparfaits, selon que nous l'abandonnons avec plus ou moins d'ingratitude; et la preuve la plus convainquante qu'il est notre dernière fin, notre souveraine béatitude, c'est qu'à mesure que nous l'oublions, nous dégradons notre être, nous devenons de plus en plus malheureux, odieux à nous-mêmes, et à charge à la société.

L'enfant. Pourquoi, maman, Dieu exige-t-il que, pour être heureux, nous nous efforçions de lui ressembler.

La mère. C'est, mon enfant, parce qu'il nous a faits pour être heureux, qu'un être raisonnable ne peut trouver son bonheur que dans la jouissance de ses perfections, et qu'il n'augmente en perfections, qu'à mesure qu'il imite plus parfaitement la divinité. Ainsi, du côté du corps, je ne suis heureuse qu'autant qu'il est dans la disposition la plus convenable à ma santé, à mes forces, au jeu de toute la machine; parce que cette disposition même répand dans mon ame une tranquillité, une satisfaction, un bien-être, une jouissance, qui contribuent à son bonheur. Du côté de mon ame, c'est d'aspirer toujours à ce qui peut me rendre plus satisfaite; et je n'aurai ce sentiment délicieux, qu'en me rapprochant, par mes vertus, de l'Être qui m'a créée pour lui, pour y trouver une félicité que je chercherais vainement ailleurs; de sorte que tout esprit qui se dérègle, trouve sa peine dans son déréglement même.

L'enfant. Je sens qu'on doit tout faire pour être aimé dé Dieu, et qu'on ne peut trouver son bonheur qu'en se rapprochant de ses divines perfections; mais comment peut-on savoir si on est digne de son amour?

La mère. Dieu ne s'aime dans ses ouvrages, qu'autant qu'ils portent le caractère de ses divines perfections. Vous ne serez donc jamais plus sûr, mon enfant, d'être aimé de Dieu, qu'en lui montrant en vous des perfections qui ont plus de ressemblance avec les siennes. Il faut donc que vous travailliez à devenir parfait de plus en plus, et que vous écartiez de votre personne les vices, qui pourraient vous dégrader à ses yeux.

L'enfant. Il me semble, maman,

que Dieu ayant fait tous les hommes pour-être heureux, il doit les aimer également.

La mère. Effectivement, mon fils, Dieu a fait tous les hommes pour être heureux, et il doit les aimer également; puisque tous sont sortis égaux de ses mains, et qu'il les a doués d'une même nature. C'est ce que les loix nous apprennent, quand elles disent que, dans le droit naturel, il n'y a point d'inégalité entre les hommes, qu'ils sont tous frères, qu'il ne doit exister entr'eux de distinctions que celles que font les vertus et les talents; que la servitude est un ouvrage des hommes contraire à la nature; que nous devons nous considérer comme étant tous unis par les liens de la parenté; qu'il ne doit point y avoir de servitude dans un bon gouvernement, ni aucun droit qui en soit la suite.

Mais, si Dieu aime également tous les hommes, parce qu'il les a créés égaux, il doit par là même raison aimer inégalement ceux qui se sont rendus inégaux aux autres par leur infidelité à conserver le dépôt qu'il leur avait confié, ou à faire fructifier les talents qu'il leur avait donnés ; comme ces hommes qui deviennent insensibles à leur bonheur, jusqu'à s'avilir, se dégrader et travailler à leur déshonneur : car il est aussi conforme à l'ordre d'aimer inégalement ceux qui ont une bonté inégale, que d'aimer également ceux qui ont un égal dégré de perfection.

Cependant Dieu conserve encore un dégré d'amour pour ceux qui ont le plus abusé de ses présents ; et cet amour diminue en proportion de leur avilissement, de leur dépravation et de la perte des dons qu'ils avaient reçus de sa main libérale. La nature humaine est, il est vrai, défigurée en eux ; mais elle n'y est pas éteinte : ils ont au moins la capacité de se relever de leur chûte, de faire un meilleur usage de leurs membres, de leur esprit, de leur liberté, de leur cœur, de leur raison ; et, quelque médiocre que soit ce dégré de bonté qui leur reste, comme

comme il leur vient de l'amour divin, ils ne cessent pas dêtre l'objet de ses bienfaits et de sa bienveillance. Ainsi, dans quelque état d'abjection que l'homme se soit réduit, il ne doit pas perdre confiance; mais il faut qu'il se dépêche de sortir de l'abime, où il s'est précipité, et de recourir sincèrement à Dieu, qui l'aidera à se relever de sa chûte.

Enfin, mon enfant, en voulant le bien d'un seul, Dieu ne doit pas moins vouloir le bien de tous, comme réciproquement il doit vouloir le bien de tous, sans cesser de vouloir aussi le bien d'un seul : il est le père commun de tous, il doit donc les comprendre tous dans la distribution de ses biens et de ses graces. En exclure quelqu'un, à moins qu'il ne l'ait mérité par ses prévarications, ce serait donner atteinte à l'idée que nous avons de ses divines perfections; car ce serait une marque de la plus grande imperfection que de distribuer ses graces sans mesure, et de procurer l'avantage d'un seul, par la perte de plusieurs autres, qui ont autant de mérite que lui. Il convient donc à l'ordre et à l'idée que nous avons de Dieu, qu'il veuille le bonheur de tous les hommes; que le bien particulier et le bien général ne soient jamais opposés l'un à l'autre; et que son amour y conduise également tous les hommes, s'ils sont fidèles à répondre a ses bienfaits.

L'enfant. Cet amour, que Dieu porte aux hommes, ne serait-il pas, maman, le modèle et la règle de l'amour que nous devons avoir pour notre prochain?

La mère. Dieu a voulu que les hommes vécussent en société, et qu'ils se rendissent des services réciproques, soit en faisant le bien commun, soit en écartant les maux de la société. D'après ces vues, il nous a donné tout ce qu'il fallait pour contribuer en mille manières au bien-être de nos semblables et à leurs perfections. Il veut que nous exercions ces facultés bienfaisantes, parce qu'il n'a rien fait d'inutile. Il veut de plus que nous perfectionnions ces qualités par un exercice réglé et suivi, et que le pouvoir qu'il nous a donné d'être utiles à notre prochain fût actif et bienfaisant comme le sien. Nous devons en conséquence avoir du plaisir à faire du bien à notre prochain, trouver notre satisfaction à lui être utile, chérir tous les hommes du même amour que Dieu les aime, et faire notre bonheur du bonheur des autres; conséquemment nous devons régler l'amour que nous portons à notre prochain, sur celui que Dieu a pour nous, et lui donner les mêmes caractères; c'est-à-dire, qu'il faut qu'il ait les conditions suivantes.

1.° Nous venons de voir que Dieu ne hait aucun de ses ouvrages; qu'il ne se détermine à punir l'homme que dans la vue de le rendre meilleur et de maintenir la société dans le bien; et que ses punitions ne vont jamais jusqu'à abandonner entièrement le malfaiteur. Voilà, mon enfant, le modèle de la conduite que nous devons tenir envers nos semblables. Il faut conséquemment que nous ne haïssions personne, et que nous imitions Dieu dans les châtiments, que nous sommes obligés d'exercer sur ceux que notre devoir nous prescrit de punir. Il faut qu'ils remarquent que notre sévérité n'a pour but que de les empêcher de s'avilir, de se perdre et de se préparer des regrets.

2.° L'amour que je dois avoir pour mon prochain, doit être désintéressé, comme celui de Dieu qui donne tout à celui qu'il aime, sans pouvoir jamais rien recevoir de lui.

3.° L'amour divin est d'être sonverainement bienfaisant. Je dois de même répandre sur mes semblables tous les biens, dont je puis disposer en leur faveur, soit en les aidant par des secours effectifs, soit en les assistant de mes conseils, soit en les portant au bien par mes exhortations et par mes exemples, soit en les faisant aider par d'autres, etc.

4.° L'amour de Dieu pour sa créature est absolument conforme à l'ordre. Le nôtre, pour lui ressembler, nous portera à faire tout ce qui est capable de maintenir la paix, la règle, l'ordre, le respect des loix et l'harmonie dans la société de nos freres. En conséquence, je travaillerai constamment à assujettir mes passions, à mettre de l'ordre dans mes démarches, à régler toutes mes actions, afin que ma conduite soit édifiante, et que je ne blesse ni la charité ni la justice. J'aimerai mes semblables dans la vue de leur bonheur. Aucun ne sera exclus de mon amour, pas même les méchants, ceux qui me persécutent et me trahissent, par la raison que Dieu ne cesse pas de les aimer; qu'ils possèdent encore quelques qualités qui les unissent à moi; qu'en leur donnant des preuves d'attachement, je puis les retirer de l'état déplorable, où ils se sont réduits; et que c'est dans cet état de dépérissement qu'ils ont plus besoin de secours.

5.° L'amour de Dieu pour les hommes durera autant que lui. Par conséquent celui que nous devons avoir pour nos semblables, ne doit pas se borner au présent et aux biens du corps qui doit périr ; mais nous devons chercher encore plus à leur procurer ceux de l'esprit, de la bonne conduite, de la grace, en un mot, tout ce qui peut les rendre dignes d'être un jour réunis avec nous à Dieu, source d'un bonheur éternel.

6.° Dieu tend à attirer tous les hommes à lui. Nous devons donc nous réunir tous ensemble comme des frères et des membres d'une même famille ; et retracer ici bas l'union, la paix, le bonheur, que nous goûterons un jour, lorsque nous serons dans le ciel.

Je vous ai dit, mon cher enfant, que tous ces principes n'étaient pas loin de vous. Effectivement, nous les portons tous au dedans de nous-mêmes. Il nous suffit d'interroger nos pensées pour les découvrir. Dieu ne peut rendre heureux que ceux qui sont dignes de lui, et qu'il peut aimer sans blesser ses divines perfections ; Dieu ne peut aimer que ceux qui se sont efforcés de l'imiter et de lui rassembler ; je ne lui ressemblerai point, si je n'aime ses créatures intelligentes, et si je ne les aime, comme il les aime lui-même. Par conséquent , puisqu'il veut me rendre heureuse, et qu'il ne le veut qu'autant que je lui ressemble, il veut que j'aime mes semblables comme il les aime. Mais sa volonté est l'ame, l'esprit et la loi qui dirigent toute la nature ; et vivre selon l'ame , l'esprit et la loi de la nature , cest faire ce qui m'est véritablement naturel. Donc il m'est naturel d'aimer les autres hommes, et de les aimer de la manière que Dieu les aime.

L'enfant. De tout ce que vous m'avez dit jusqu'à présent , il paraît, maman , que , pour vivre heureux , nous avons trois espèces de devoirs à remplir ; les uns envers l'auteur de nos jours, les autres à l'égard de notre prochain, les troisièmes envers nous-mêmes.

La mère. Effectivement , mon fils , notre bonheur dépend de la manière dont nous remplissons ces trois espèces de devoirs, tous fondés sur notre perfection. Jusqu'ici nous en avons posé les principes. Il n'est plus question que d'en tirer les conséquences. Comme cette matière est importante, il faut que vous redoubliez d'attention. Vous pouvez m'interrompre, quand il m'échappera quelque chose, que vous ne comprendrez pas. Ce que je vous dirai sera renfermé dans quelques maximes faciles à retenir; car il faut que vous les ayiez toujours présentes à l'esprit, pour être la règle de votre conduite.

Règles que nous devons suivre envers nous-mêmes.

1.° Il faut, dans quelque circonstance que vous vous trouviez, prendre un soin raisonnable de votre corps, et éviter tout ce qui pourrait lui être contraire; comme l'intempérance, l'oisiveté, la malpropreté, etc.

2.° Vous veillerez encore plus à la perfection de votre ame, qu'à celle de votre corps; car celui-ci doit périr à tandis que l'ame vivra éternellement. Ainsi il faut, dans tout ce que vous penserez et dans tout ce que vous ferez, vous proposer pour fin la perfection de votre ame et son plus grand bonheur.

3.° Avant de faire une action, vous devez vous demander en quoi elle vous rendra meilleur pour vous et pour les autres, et ce que vous en penserez à l'heure de la mort.

4.° Ne liez société qu'àvec ceux qui peuvent vous porter au bien.

5.° Lisez de bons livres, propres à vous former le cœur et l'esprit.

6.° Accoutumez-vous de bonne heure à résister à vos passions.

7.° Travaillez à conserver votre réputation, et même à l'augmenter.

8.° Efforcez-vous, non-seulement à paraître homme de bien, mais à le devenir effectivement.

9.° Préférez aux honneurs et aux richesses le bonheur de vous faire estimer et aimer de tous ceux qui vous connaissent.

10.° Soyez circonspect dans vos paroles et dans vos actions, pour ne rien dire et ne rien faire, qui puisse scandaliser personne, ou nuire à qui que ce soit.

Si vous vous affermissez dans ces dispositions, vous ne pourrez manquer de remplir les devoirs qui vous regardent. Voyons ceux qui concernent le prochain.

Règles touchant l'amour de nos semblables.

1°. Soyez humain, c'est-à-dire, prenez intérêt au sort des autres; aimez-les; traitez-les avec bonté; cherchez tous les moyens de leur être utile; soyez à leur égard, ce qu'est la providence envers la société : elle voudrait voir tous les hommes parfaitement heureux; et elle travaille jour et nuit à leur bonheur.

2°. Bien loin de chercher à induire quelqu'un en erreur, tâchez de gagner des ames à la vertu; et bien loin de mettre en usage, dans le commerce de la vie, les ressources honteuses de la ruse, de la fraude et de la mauvaise foi, vous vous conduirez toujours, à l'égard des autres, avec charité, avec sincérité, modestie, modération, patience, affabilité, complaisance et amour.

3°. Tous les hommes ne feront, à vos yeux, qu'une grande famille, dont vous êtes membre; et vous vous efforcerez à en faire le plus grand bien, même au préjudice de votre intérêt particulier, parce que le bien général doit l'emporter sur celui d'un seul.

Règles touchant l'amour que nous devons avoir envers Dieu.

1°. Je dois aimer Dieu, comme possédant tout ce qui me paraît aimable; et je dois le craindre comme disposant absolument de tout ce que les hommes trouvent redoutable. Ce sera donc à lui seul que j'aurai recours pour obtenir l'un, et pour détourner l'autre.

2°. Comme l'Être infiniment parfait ne peut se donner à des ames avilies, et qui croupissent dans la fange du vice, je m'efforcerai d'acquérir les vertus qu'il aime; je m'étudirai à vouloir tout ce qu'il veut, et à rejeter tout ce qu'il désapprouve.

3°. Dieu ayant créé notre ame et notre corps, chacune de ses substances doit concourir à témoigner à Dieu notre reconnaissance pour ses bienfaits, et notre soumission à sa volonté.

L'enfant. Comment l'homme fera-t-il du côté de son ame, afin de rendre à Dieu les hommages que nous lui devons, pour tout ce que nous tenons de sa main libérale ?

La mère. Dieu est le créateur de l'univers. Nous devons donc l'honorer comme l'auteur de tout ce qui existe. Par conséquent, il faut, en toutes choses, nous proposer de suivre les vues qu'il a eues en nous créant; n'abuser de rien, et n'employer les choses que pour les usages que la raison autorise.

Dieu est souverainement bon. Nous devons donc nous soumettre à tous les évènements

évènements heureux et malheureux, croire que rien ne nous arrive que pour notre plus grand bien, et respecter les traces de la divine providence, dans toutes les circonstances de notre vie.

Dieu est le père commun de tous les hommes. Par conséquent, nous sommes obligés de nous regarder tous comme les enfants d'un même père, qui nous aime tous également, et qui veut que nous nous entr'aimions tous comme des frères destinés au même héritage.

Dieu est infiniment saint. Nous ne devons par conséquent rien faire qui puisse blesser sa sainteté; il faut, au contraire, que nous retracions dans nos mœurs cette sainteté primitive, et tâcher que la société des hommes ne fasse qu'une famille d'hommes intègres, qui a à sa tête un père infiniment saint; et qui ne reconnaît pour ses enfants, que ceux qui ne déshonorent pas cette qualité, qui fait toute leur gloire et leurs plus belles prérogatives.

Dieu remplit l'univers de sa présence

et de sa gloire. Conséquemment, respectons par tout la présence de Dieu ; et craignons de souiller, par nos crimes, la terre, qui, toute entière, est son temple, et qu'il sanctifie par ses regards.

L'enfant. Et du côté du corps, comment témoigner à Dieu notre soumission, et les sentiments de notre reconnaissance ?

La mère. En ne faisant usage de nos membres que pour la fin que Dieu s'est proposée en nous les donnant ; c'est-à-dire, en ne les employant que pour sa gloire, pour l'avantage de nos frères, et le nôtre en particulier, subordonné au bien commun de la famille. Il faut que toutes nos actions démontrent que nous sommes persuadés de la présence de Dieu parmi nous ; pénétrés de reconnaissance pour ses bienfaits ; soumis au souverain domaine qu'il a sur nous ; dévoués au bien de nos semblables ; uniquement occupés de notre perfection, et déterminés à tout faire pour maintenir la paix, l'ordre et le bonheur dans toute la société. Nous devons de plus adresser nos vœux et nos prières à cet Être suprême, qui est disposé à nous écouter favorablement dans nos demandes légitimes, et qui a continuellement les yeux ouverts sur les besoins infinis qui nous pressent de toutes parts. Il faut sur-tout lui rendre les hommages et le culte dûs à sa suprême majesté, qui brille dans tous ses ouvrages. C'est donc à dire, mon enfant, que nous devons à Dieu deux sortes de culte, l'un intérieur, l'autre extérieur.

Le culte intérieur est celui que l'on rend à Dieu en esprit et au-dedans de soi-même. Ce premier culte est fondé sur la haute idée que l'on se fait de la puissance et de la bonté de Dieu; sur les sentiments de respect et de vénération que cette idée nous inspire; sur un amour parfait, tel que celui que l'on doit à un père plein de tendresse pour ses enfants, et la source de tous les biens; sur une parfaite confiance en ses bontés infinies; sur une résignation absolue à sa volonté ; et sur une juste crainte de l'offenser, et d'attirer sur nous ses vengeances.

Le culte extérieur consiste dans tout ce que nous faisons au-dehors pour marquer les sentiments intérieurs de notre ame envers Dieu ; pour protester qu'il est tout, que tout est en lui, que tout vient de lui, et que tout lui appartient. Les principales parties de ce dernier culte, sont toutes les cérémonies nécessaires pour marquer que nous avons dans le cœur et dans l'esprit, les sentiments que nous manifestons par ces démonstrations religieuses ; pour nous édifier les uns les autres ; nous porter à la pratique de toutes les vertus ; nous unir ensemble ; encourager les faibles ; soutenir les justes, et convertir les méchants.

Fin du Guide des Enfants.

www.ingramcontent.com/pod-product-compliance
Lightning Source LLC
LaVergne TN
LVHW020035170826
845678LV00001B/261